讲给孩子的
基础科学 07

乘着空气奔跑的声音

U0243008

[韩]李浈润 著　[韩]韩承武 绘

郭长誉 译

中信出版集团 | 北京

图书在版编目（CIP）数据

乘着空气奔跑的声音 /（韩）李溦润著；（韩）韩承
武绘；郭长誉译 . -- 北京：中信出版社，2023.5
（讲给孩子的基础科学）
ISBN 978-7-5217-5243-4

Ⅰ . ①乘… Ⅱ . ①李…②韩…③郭… Ⅲ . ①声学–
儿童读物 Ⅳ . ① O42-49

中国国家版本馆 CIP 数据核字 (2023) 第 021924 号

Air-riding Sounds
Text © Lee Jae-yoon
Illustration © Woo Ju-ro
All rights reserved.
This simplified Chinese edition was published by CITIC Press Corporation in 2023,
by arrangement with Woongjin Think Big Co., Ltd. through Rightol Media Limited.
（本书中文简体版权经由锐拓传媒旗下小锐取得 Email:copyright@rightol.com）
Simplified Chinese translation copyright © 2023 by CITIC Press Corporation
ALL RIGHTS RESERVED

乘着空气奔跑的声音
（讲给孩子的基础科学）

著　者：［韩］李溦润
绘　者：［韩］韩承武
译　者：郭长誉
出版发行：中信出版集团股份有限公司
　　　　　（北京市朝阳区东三环北路 27 号嘉铭中心　邮编　100020）
承 印 者：北京瑞禾彩色印刷有限公司

开　本：889mm×1194mm　1/24　　印　张：48　　字　数：1558 千字
版　次：2023 年 5 月第 1 版　　印　次：2023 年 5 月第 1 次印刷
京权图字：01-2022-4476
审 图 号：GS 京（2022）1425 号（本书插图系原书插图）
书　　号：ISBN 978-7-5217-5243-4
定　价：218.00 元（全 11 册）

出　品：中信儿童书店
图书策划：火麒麟
策划编辑：范萍　王平
责任编辑：曹威
营销编辑：杨扬
美术编辑：李然
内文排版：柒拾叁号工作室

嘿！

你能听到我在叫你，

是因为有声音传进了你的耳朵。

声音到底是什么？

声音是怎么产生的？

又是怎么被听到的？

今天，

定音鼓"小鼓"将带你了解声音及其传播的规律，

揭秘声音传进耳朵的过程……

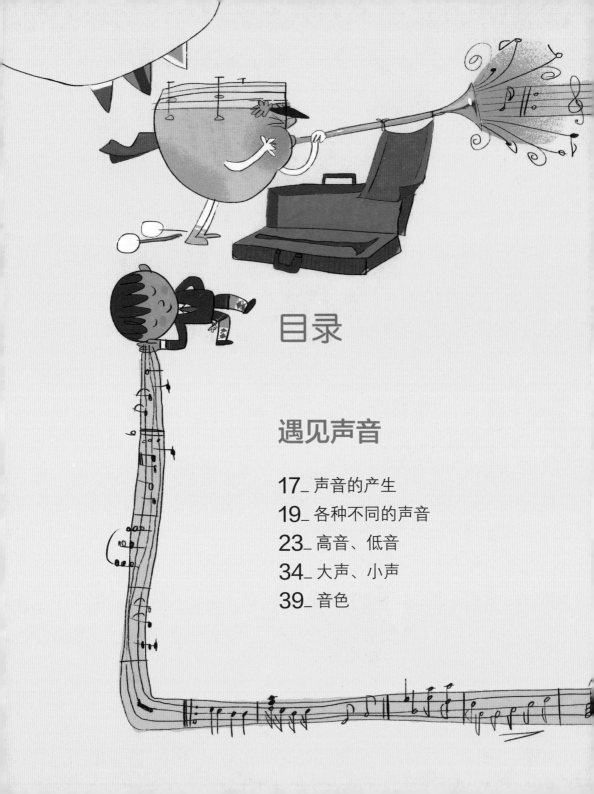

目录

遇见声音

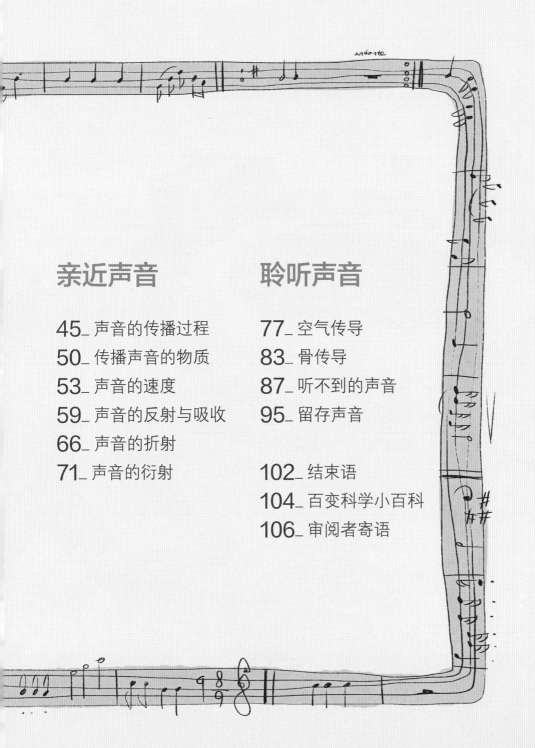

亲近声音

聆听声音

人总是生活在充满声音的世界里，连睡觉的时候也不例外。
即使有时感觉寂静无声，但其实声音也在从四面八方悄然而至。

射门，进球！

哗啦啦……

哒哒哒！

嗡嗡嗡——

砰砰！

嘀嘀——

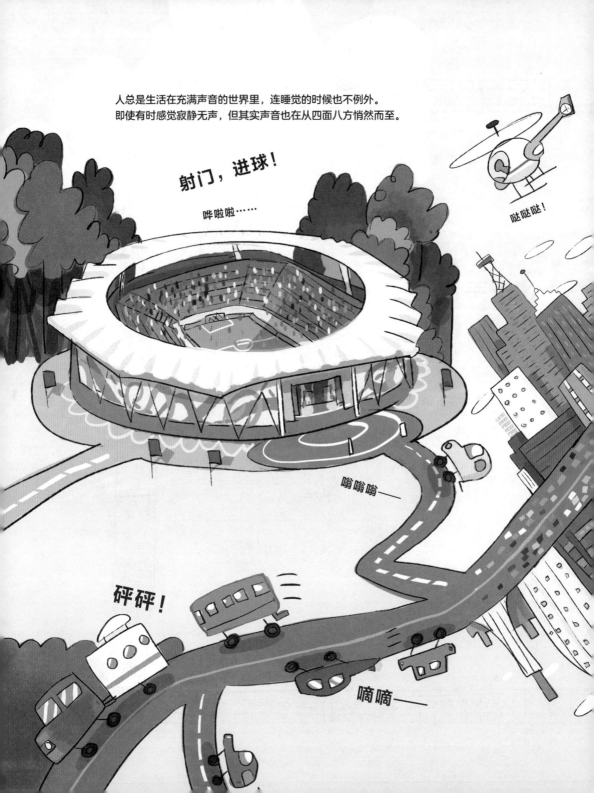

整个世界会无比安静，极其无聊

当声音消失，世界会沉寂下来，你将瞬间感受到别样的氛围。

汽车疾驰而过的声音、吸尘器工作的声音、施工现场的噪声……你将听不到任何声音，仿佛来到了一个全新的世界。

但试想一下，整个世界都沉寂无声，会十分无聊吧？

看体育赛事也不能兴高采烈地呐喊助威了。

没有了声音，歌手和演奏家就无事
可做了。跳舞也不会尽兴。

没有声音不只是没有趣味，世界也会变得很危险。
人在用眼睛看的同时，还需要用耳朵听声音来掌握外界情况。
如果声音消失，人只能用眼睛来了解周围的情况。

我们的身体可能会变得与现在不同

如果没有声音，人耳将失去用处，眼睛反倒有可能变多。而且，为了与人交流，人类兴许会有特异功能。我们的身体会不会变成这样呢？

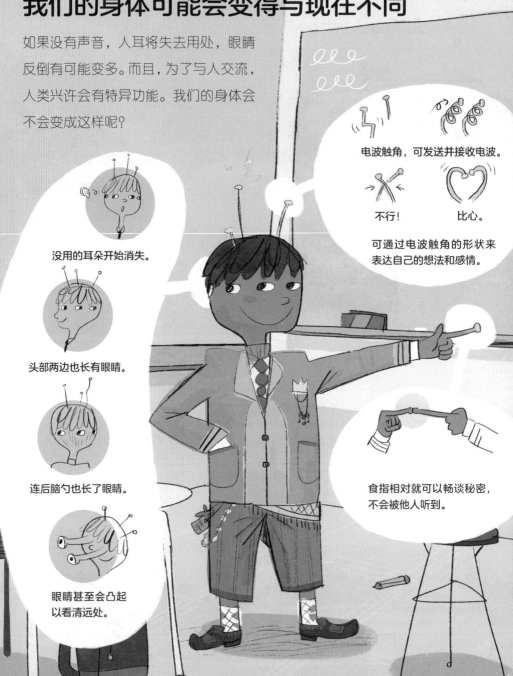

电波触角，可发送并接收电波。

不行！　　比心。

可通过电波触角的形状来表达自己的想法和感情。

没用的耳朵开始消失。

头部两边也长有眼睛。

连后脑勺也长了眼睛。

眼睛甚至会凸起看清远处。

食指相对就可以畅谈秘密，不会被他人听到。

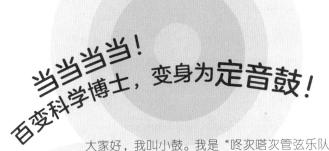

当当当当！
百变科学博士，变身为定音鼓！

大家好，我叫小鼓。我是"咚次嗒次管弦乐队"中帅气的定音鼓！
定音鼓是鼓的一种，我是定音鼓中最小的鼓。

朋友都叫我声音队长。没有哪个鼓像我这样大，还可以发出这么
清亮的声音。

小鼓邀请你来聆听即将开始的"咚次嗒次管弦乐队"演奏会！
和我一起开启声音之旅吧！

咚咚咚咚咚！

咚咚咚咚咚！

遇见声音

鸟语风吟，欢声笑语，机器轰鸣……

我们周围的声音不计其数，但又各不相同。

声音到底是什么？是怎样产生的？又为何各不相同？

现在舞台还没"点亮"。

我们定音鼓率先登上舞台。

一想到要激情演奏，我就开始兴奋。

振动的鼓面，发出美妙的声音。

咚咚咚咚，咚咚咚咚！

声音的产生

　　今天我会非常忙碌，既要在舞台上演奏，又要给你介绍声音的世界。出发前，好好喘口气吧！准备好了吗？从现在开始，一起走进声音的世界吧！

　　暂时闭上双眼，侧耳倾听一下。你会听到周围的什么声音？虽然音乐会现在还没开始，却可以听到各种各样的声音。人们的谈话声、嬉笑声、脚步声、挪动椅子发出的吱嘎声以及翻看宣传册的声音……这些声音是怎样产生的呢？

　　劲手先生是一名定音鼓演奏家。如果劲手先生用鼓槌敲击我，我即使想保持安静，身体也会不由得开始振动。振动的时候我就会发出声音。无论大鼓还是小鼓，都像我一样，通过振动发声。当然，其他乐器和物体也是一样。

　　弹奏吉他时，弦上下振动发出声音，树枝随风摇曳也会发出声响。把手放在发出声音的扬声器上感受一下吧。虽然看不见什么，但是手会感受到振动。扬声器发出的声音是由扬声器的振膜振动发出的，当振动停止时，声音也随之消失。

　　声音是由物体振动产生的，物体前后、上下的快速颤动就叫作振动。

　　当物体振动时，声音就会产生；当振动停止时，声音就会消失。

　　声音是由物体振动产生的。

各种不同的声音

使物体振动的方法多种多样，也就是说，有很多种方法可以发出声音。小提琴和大提琴可用手弹拨琴弦或用琴弓揉压琴弦发出声音，竖琴靠双手弹拨琴弦发声。鼓通过鼓槌敲击鼓面发声，钹凭借两片金属相击发声，长笛和小号靠吹气发声。弹拨、揉压、敲打、撞击……发出声音的方法如此多。

那么，你是怎样发声的呢？嗯，看来你还不大清楚啊。作为声音队长，让我来告诉你吧。

人靠声带振动发出声音。把手放在喉咙处，长吟一声"啊"来感受一下吧。

是不是感觉喉咙在颤动？气流冲击声带，引起振动从而发声。声

弦乐器 弹拨弦使弦振动发声。声音的高低取决于弦的粗细、长短和松紧程度。

管乐器 靠乐器内的空气柱振动发声。声音的高低取决于管的长度。

打击乐器 敲打或撞击乐器本体使其振动发声。与其他乐器不同，大多数打击乐器的声音只有一个确定的音高。

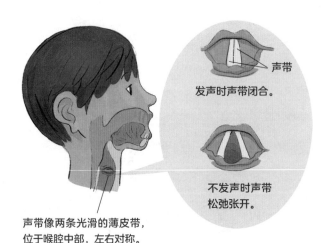

发声时声带闭合。

声带

不发声时声带松弛张开。

声带像两条光滑的薄皮带，位于喉腔中部，左右对称。

带位于喉咙内部，左右对称，易于伸缩。当说话时，气流从肺部经过喉咙，然后从口腔出来。在这一过程中，气流促使声带振动，所以才会发出声音。你和劲手先生都是这样发声的。

人可以发出比动物和乐器更多样的声音。根据舌头和下巴的运动以及口腔形状的不同等，声带产生的振动会发生变化，从而产生不同的声音。因此，人们可以用语言互相交流。

并且，每个人声带的长度和粗细各异，所以嗓音也各不相同。爸爸的嗓音粗且低沉，你的嗓音又高又细，就是因为你们声带的长度和粗细都不一样。通常，男孩长大后声带会变粗增长，声音也会变粗变低。

就像每个人的嗓音都是独特的，物体发出的声音也各有特点。每种物体都有自身独特的声音。所以即便是各种声音交织在一起，我们也能分辨出不同的声音来。

你能够分辨出妈妈的声音和猫的叫声吧？你也可以区分钢琴的"do"音和"mi"音。人们能辨别声音是因为声音各不相同，换句话说，是因为物体振动的方式不同。

声音的不同取决于物体振动的频率、振动的幅度，以及振动的方式。

人们通常用高低、大小、粗细来描述声音，也就是用声音的音调、响度、音色来区分声音。音调、响度、音色是声音的三要素。只要其中有一个不同，声音就会不同。那么，振动的方式与声音的三要素又有怎样的关系呢？

管弦乐队成员依次走上舞台。

队员们各自就位，开始调音。

颤抖先生也拿出小提琴调音。

用琴弓拉小提琴琴弦时，随着琴弦快速上下振动，

小提琴发出"嗡嗡"的声音。

颤抖先生一根弦一根弦地试音，然后调节琴弦的松紧程度。

高音、低音

　　你学过小提琴吗？听说很多孩子都在学小提琴。如果你学过小提琴，会有助于你理解接下来的内容。即使你没有学过，也丝毫不用担心，我会为你详细讲解的。

　　要看看颤抖先生的小提琴吗？小提琴的四根弦长度相同、粗细各异。这四根弦分别发出不同的音。也就是说，声音的音调不同。

　　细弦发出高音，粗弦发出低音。即使是同一根琴弦，琴弦绷紧时声音高，松弛时声音低。而且，用手指按压琴弦比不按琴弦时，发出的声音音调要高。为什么声音的音调会发生变化？

　　这是因为琴弦振动得越快，音调越高。

　　摩擦细弦，因为弦轻，所以振动得快；摩擦粗弦，因为弦重，所以振动得慢。简而言之，弦越细，振动得越快。弦越紧，摩擦它时弦为恢复原状所产生的力就越大，所以振动得就越快。

　　弦越细、越紧，振动得就越快，音调就越高。

　　颤抖先生通过转动弦轴来调节琴弦的松紧，从而调音。如果要给小提琴降调，就把弦轴放松；如果要升调，就拧紧弦轴，

按压琴弦时琴弦的后侧不会振动，所以弦振动的长度变短了。

把琴弦绷紧。包括小提琴在内，根据温度、湿度等周围环境的变化，弦乐器发出的音会略有变化，所以每次都要重新调音。

那么，按压小提琴琴弦与音调有什么关系呢？

用手指按压琴弦，琴弦振动的部分就会变短，相当于琴弦长度变短了。弦越短，振动得越快，音调就越高。如果改变手指的按压位置，弦的振动长度也会发生变化，即使是同一根琴弦也能发出不同音高的声音。这就是小提琴虽然只有四根弦，却仍能像钢琴一样有广泛音域的秘诀。

　　小提琴等弦乐器根据弦的粗细、长短和松紧程度不同，弦振动的快慢也不同。弦振动得越快，音调越高。管乐器也同样，管体短的比管体长的发出的音调高。

　　我们鼓也是如此，鼓身越小，鼓面越紧，发出的声音音调越高。鼓面是指鼓槌敲击的部分。你想知道一个惊人的事实吗？嗯，这个事实是关于我这个声音队长的……咚咚咚。定音鼓是所有鼓中唯

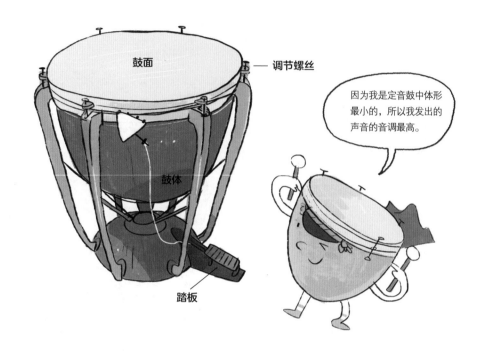

鼓面

调节螺丝

鼓体

踏板

因为我是定音鼓中体形最小的，所以我发出的声音的音调最高。

一能发出不同音调的鼓，其他的鼓就只有一个确定的音调。

管弦乐队需要三或四架大小不同的定音鼓来演奏。大的定音鼓能发出低音，小的定音鼓可发出高音。而且，通过踩踏踏板可调节鼓面的松紧程度，从而在一定程度上调节音调的高低。鼓面越紧，音调越高；鼓面越松，音调越低。

物体越小，振动部分越短或越紧，振动越快，音调越高。

怎么样？不枉各种乐器叫我声音队长吧？因为我知道得多，又很特别嘛。咚咚咚咚！

现在，我教大家用玻璃瓶和水，来制作自己的专属乐器，怎么样？

制作专属乐器

准备物品：

水，大小相同的 5 个玻璃瓶。

实验步骤：

1. 每个玻璃瓶分别装入不等量的水。不同瓶子里的水位高低差越大越好。

2. 按照水从少到多的顺序将玻璃瓶排列整齐。

3. 按照玻璃瓶摆放的顺序，用嘴靠近瓶口平着吹气。

实验结果:

　　玻璃瓶发出的声音的音调各不相同。瓶内水越少，音调越低；瓶内水越多，音调越高。专属乐器完成了，它能发出 5 个音呢！

为什么会出现这样的结果?

嘴靠近玻璃瓶口吹气,玻璃瓶内的空气柱会振动发声。玻璃瓶里的水越多,瓶里的空气就越少,空气柱振动就越快,发出声音的音调就越高。就像小提琴的弦越短,振动就越快,音调就越高一样。

制作自己的专属乐器时,控制瓶内的水量可以调出你想要的音。你可以调节水量,直到它发出你想要的音,兴许还能用这个专属乐器演奏一首简单的歌曲呢。

物体在 1 秒内振动的次数叫作频率。物体振动得快,频率就高;物体振动得慢,频率就低。

音调的高低取决于频率。频率越高,音调越高;频率越低,音调越低。

频率的单位用 Hz 表示,读作赫兹。如果一个物体每秒振动 10 次,该物体的振动频率是 10 赫兹;如果一个物体每秒振动 20 次,该物体的振动频率则是 20 赫兹。

提问一下!两个振动中哪个振动发出声音的音调更高呢?

定音鼓
80~170Hz

小提琴
200~3 500Hz

钢琴
24~4 500Hz

对啦。频率越高，音调越高，所以振动频率为 20 赫兹的物体发出声音的音调更高。

　　每一种物体都具有各自的频率，并按其频率振动，这种由物体自身特性决定的频率称为固有频率。通常女子比男子的声音高，原因之一就是女子的声带比男子的更薄更短。女子嗓音的频率大

儿童的噪音
300Hz 以上

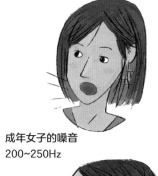

成年女子的噪音
200~250Hz

约为 225 赫兹，男子噪音的频率为
125 赫兹左右。男子的声带每秒振
动约 125 次，女子的声带会振动约
225 次，几乎是男子的两倍。

即使是同一个声音，频率有时
也会不同。当发声体移动或听声音
的人在移动时，听到的声音会不同，
这一现象叫作多普勒效应。下面，
让我来为你详细解释一下什么是多
普勒效应吧。

成年男子的噪音
100~150 Hz

女高音歌手的歌声
1000Hz 左右

31

声音高低发生变化的多普勒效应
这是奥地利物理学家多普勒于 1842 年发现的现象。当人靠近发出声音的物体时，听到的声音音调会变高；当人远离发声物体时，听到的声音音调会变低。

哪里失火了？

消防车的警笛声听起来和刚才的不一样。

消防车驶近时，由于发声体与人之间的距离迅速拉近，声音的频率变高，音调也随之变高。

即便是同一个声音，发声体移动时，声音听起来也会不一样。

嗯，对！

消防车驶向远处时，由于发声体与人之间的距离迅速变远，声音的频率变低，音调也随之变低。这一现象叫作多普勒效应。

当汽车鸣笛驶来时，也可以体验多普勒效应。

哇，真的不一样啊！

嗡 嗡 嗡！

小鼓，我跑步时大喊，看看声音听起来会怎么样吧。

?

哇哇哇！

这个速度不行啊，我没有听出声音有什么变化。如果发声体或听的人移动速度不够快的话，很难觉察到多普勒效应。

大声、小声

用力击鼓时，鼓声很大，轻击鼓面时，鼓声微弱，没错吧？是的。声音是由物体振动产生的，把这一现象与振动联系起来想一想吧。

当劲手先生击鼓时，鼓面会发生振动。击鼓时，鼓槌接触到的鼓面会发生凹陷，凹陷程度与受力大小相当。然后，鼓面会因试图恢复原状而产生一种力，在这个力的作用下，凹陷的鼓面会立即凸起。此时，鼓面的凸起程度比鼓面的原状要大得多。凸起的鼓面想要恢复原状，又产生一个向内的力，在这个力的作用下，鼓面再次凹陷。随着这一过程的重复，凹陷和凸起的程度逐渐降低，直到鼓面停止振动。

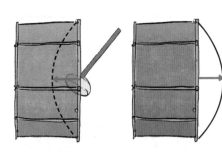  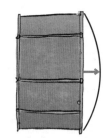

用鼓槌敲击鼓面，鼓面会凹陷进去。

接着鼓面会凸起来，凸起的高度与凹陷的高度相当。

鼓面再次凹陷，此时凹陷的程度会略微减少。

鼓面会再次凸起，凸起的高度与上一次凹陷的高度相当。

这一现象发生得太快，你很难察觉，你只会看到鼓面有或大或小的振幅。不过，看了这幅图，你很快就会明白的。

当一个物体振动时，其偏离原始状态的最大距离叫作振幅。从鼓的振动来看，最大的凹陷或最大的凸起距离就是振幅。用力击鼓，鼓面受力大，凹陷、凸起明显。也就是说，振幅大，所以声音大。相反，如果轻击鼓面，鼓面受力小，凹陷、凸起微弱。振幅小，发出的声音就小。

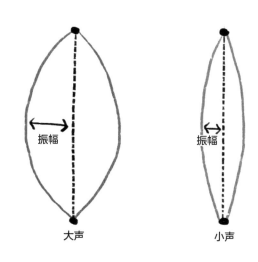

物体振动的振幅决定声音的大小。振幅越大，声音越大；振幅越小，声音越小。

声音的大小用 dB 表示，读作分贝。分贝来自美国科学家亚历山大·格雷厄姆·贝尔的名字。

以人耳所能听到的最小声音（0分贝）为基准，声音每增大10分贝，其音量强度就增大10倍。

例如，20分贝声音的大小是10分贝的10倍，而不是2倍。同样，30分贝声音的大小也不是10分贝的3倍，而是10倍的10倍，也就是100倍。

你仔细听过微弱的声音吗？手表的嘀嗒声是人耳所能听到的最微弱的声音之一。需要靠近人耳才能听到的声音大概是10分贝，人们低语时的声音通常是20分贝左右，正常谈话时的声音大约是60分贝。

人如果长期听85分贝以上的声音，耳朵就会出现异常，

低声交谈的声音
20dB 左右

正常谈话的声音
60dB 左右

电话铃响的声音
70dB 左右

汽车行驶时的声音
80dB 左右

如果听到 160 分贝以上的声音，耳膜会破裂或丧失听力。你听音乐时，音量不要太大哟！还有不要长时间玩音量大的电脑游戏，一不小心，耳朵就会受伤的。

飞机飞过时的声音
120dB 左右

让人耳感到疼痛的声音
110~130dB

雷声
100~110dB

列车运行时的声音
90dB 左右

调音时各种乐器的声音飘满舞台。

小提琴声高亢华丽，长笛声清澈优美，

单簧管声低沉柔和……

即便各种声音交织，闭上双眼，

我也能辨别出来，咚咚！

音色

老实说，并非只有我——声音队长，才能分辨声音，你也完全可以。这是什么意思呢？

根据乐器发出的声音质感的不同，你也可以区分不同的乐器。你不了解所有的乐器，所以叫不出它们的名字，却能够辨别它们的声音。

比如，即使是发出同一音高的"do"的声音，你也能轻易辨别哪个是钢琴发出的，哪个是小提琴发出的，这是因为每种乐器在音色上都不同。所以，即使演奏同一曲目，选用的演奏乐器不同，音色就会不同。

每种乐器演奏时的声音都不相同，每种物体所发出的声音也有区别。这被称为音品或音色。

前面我已经说过了，音调的高低由物体的振动频率决定，声音的大小由物体的振动幅度决定。那么，音色是由什么决定的呢？

简而言之，音色取决于物体振动的方式。

这里有一个问题！我们怎样才能看到振动的方式呢？声音可以被听到，怎么才能被看到呢？答案就在这个叫示波器的装置上。科学家用示波器将声音转化成可观看的画面。声音看起来如同波浪一样，每种声音的音色各异，所以波浪形状也各不相同。

比如双簧管、长笛等乐器的声音，在示波器上显示出的波形是简单且有规则的。相比之下，门铃和警报的声音波形是复杂且不规则的。

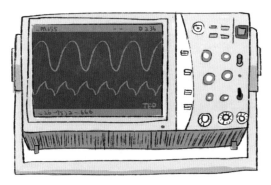

示波器 把声音转换成电信号，然后在屏幕上显示其变化。从屏幕上显示的波形可以看出声音的音调、响度和音色。

示波器中展现的声音的形状

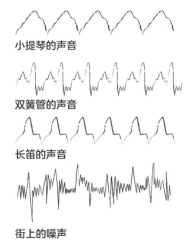

小提琴的声音

双簧管的声音

长笛的声音

街上的噪声

总体来看，波形如果简单且有规则，声音就柔和；如果复杂且不规则，声音就粗糙。所以乐器的声音大多是规则的，噪声则通常是杂乱无章的。由于每个声音振动的方式都不相同，所以音色也不一样。

世界上有各种各样的声音。所有的声音都各不相同，要么音调不同，要么响度不同，要么音色不同。但是，所有声音都是由物体振动产生的，物体的振动引起空气振动并进行传播。

现在你知道声音是什么，声音是怎样产生的，为什么每一种物体的声音都不同了吧？音乐会马上就要开始了。乐队成员们端正姿势，等待乐团团长上台，乐团团长就是管弦乐队的队长。接下来，让我们一起来看看声音是如何传播的吧。

亲近声音

物体振动时产生声音，

声音向四周传播。

但是，距离振动的物体越远，

声音越微弱，直至消失。

声音是怎样传播的呢？

声音在传播的过程中遇到物体又会怎么样呢？

我们的管弦乐队队长敏锐先生登上舞台了。敏锐先生发出信
号，双簧管演奏者吹出一声长音。
以此为基准，弦乐器开始调音，紧接着管乐器也开始调音。
乐器调音的声音慢慢从舞台传向观众席。

声音的传播过程

　　你能清楚地听到调乐器的声音吧？演奏厅的设计可以确保每个角落都能听到声音。所以，无论你坐在哪个位置，都可以毫不费力地听到精彩的演奏。但是，声音是怎样在演奏厅里传播的呢？

　　简单来说，声音的传播过程就是能量的传递过程。能量是支撑某件工作完成的动力，当劲手先生击鼓时，能量就会传递到鼓面。当鼓面接收到能量而上下振动时，会使周围的空气分子产生疏密变化，并以疏密相间的波动向四周传递。

　　想要好好看看这一现象吗？鼓在振动，把能量传递给相邻的空气分子。空气分子接收能量后开始振动，并将能量传递给相邻的空气分子，使其一同振动。随着这一过程的重复，振动以直线方式向四周传播。就像往池塘里扔石子会产生水波一样，声音也会向周围扩散。当这种四处扩散的振动到达你的耳朵时，你就会听到声音。

　　振动扩散得越远，传递的能量就越少，音量也逐渐减弱。所以，距离舞台越远，声音就越小。科学家把发出声音的物体叫作声源，在演奏厅里，乐器就是声源。

声音传播的状态

鼓面凹陷时，近处的空气分子被引向鼓面。

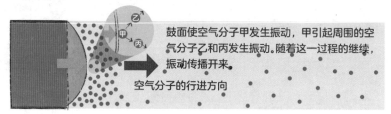

鼓面使空气分子甲发生振动，甲引起周围的空气分子乙和丙发生振动。随着这一过程的继续，振动传播开来。

空气分子的行进方向

鼓面凸起时，空气分子被推向远处，鼓面周围的空气分子趋于密集。

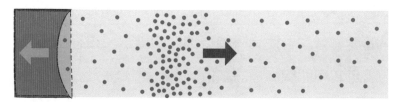

鼓面凹陷时，再次将近处的空气分子引向鼓面。

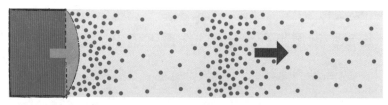

像这样，每当鼓面振动时，随着空气分子的疏密变化，振动传播开来。

声音向四周传播。距离声源越远，声音就越小。

有一种简单的方法可以用来验证声音是向四周传播的。你对着坐在你前方的夏敏喊一声"夏敏！"，试试看吧。

这时，夏敏听到声音后回头看了吧？不仅是夏敏，坐在旁边的智宇和坐在后面的友灿也可以听到你的声音，甚至离你很远的艺琳也能够听到你的声音。由于声音向四周传播，你作为声源，以你为中心，周围的朋友就都可以听到你的声音啦。

在这些朋友中，夏敏听到的声音最清晰，这是因为你说话方向的正前方声音最大。

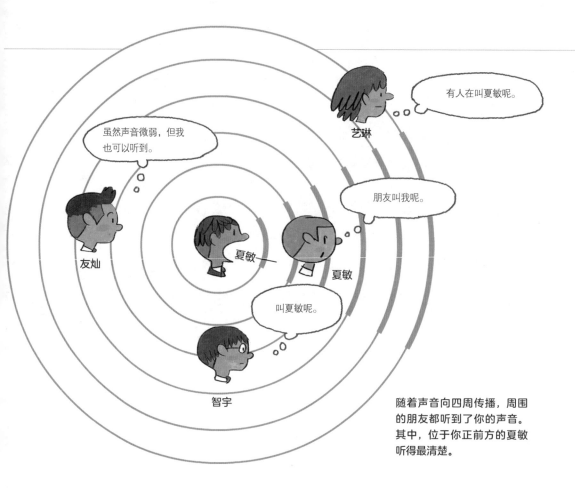

随着声音向四周传播，周围的朋友都听到了你的声音。其中，位于你正前方的夏敏听得最清楚。

夏敏位于你的正前方，而且离你很近，所以比任何人都更能听清你的声音。

声音在发声体正前方的传播效果最好。

这回将双手靠拢放到嘴前再大喊一声试试看吧！这样声音的响度会更大，传播得会更远。

这是因为手将向四周传播的声音集中到了一个方向上。你知道扩音器吧？它长得像尖顶帽子一样，对着嘴巴的一端有一个开口。声音被集中在一个方向上，可以传播得更远，扩音器就是利用了这一原理。

正常讲话时

使用扩音器时

传播声音的物质

那么，是什么将鼓的振动和你的声音传播到耳朵的呢？是的，正是空气。刚才讲过，空气分子以疏密相间的波动向四周传递。科学家把空气这类可以传播声音的物质叫作介质。没有介质就不能传递振动，声音也就无法传播。

声音只能通过介质传播，没有介质，声音就无法传播。

那么，只有空气才可以传播声音吗？当然不是啦，在水中也可以听到声音。水中芭蕾正是因为在水里可以听到音乐，所以才能完成的。由于水里有扬声器，舞者可以听到由水传播的音乐并进行表演。

扬声器

声音可以在水中传播，所以舞者在水中也可以听着音乐表演。

书桌上有打开的电脑，把耳朵贴在书桌上，听一下吧！会听到嗡嗡声吧？是的，电脑的振动可以通过木制的书桌进行传播。声音不仅可以在空气中传播，还可以通过水、木头、泥土等物质进行传播。

在没有空气的宇宙空间会怎样呢？当然听不到声音啦。没有空气或其他物质传递振动，所以声音无法传播。即使火箭喷着巨大的火焰划过天际，在太空也听不到任何声响。太空中一片静寂。即便是我，作为声音队长，在太空中也不能发出任何声音。

即使在远处，听得也很清楚！

终于开始第一乐章的演出了。

"哇哇哇哇哇。"

敏锐先生走上舞台，来到指挥台前。

他与队员进行短暂的眼神交流后，

高高举起指挥棒。

声音的速度

　　演奏时，所有队员都必须仔细观察指挥。队员们为什么要看着指挥来演奏呢？听着其他乐器的声音，按照乐谱来演奏不就行了吗？

　　指挥用手势或面部表情来告诉队员不同部分的演奏是急是缓、是起是落、是柔和还是有力，并告诉队员演奏什么时候开始，什么时候停止。所以，演奏时必须看着指挥。还有一个重要的原因，这与声音的传播速度有关。

　　你知道声音的传播速度是多少吗？声音在空气中每秒传播约 340 米。但是，为什么要加上"在空气中"这一条件呢？当然是有原因的啦。声音在不同介质中的传播速度不同。

声音在不同介质中的传播速度		
	介质	速度（米 / 秒）
气体	空气（0℃）	331
	空气（15℃）	340
	氦气（0℃）	970
液体	甲醇（25℃）	1143
	水（25℃）	1493
固体	木材	1000 ~ 5000
	铁	5130

声音在液体中的传播速度远大于在气体中的传播速度，在固体中的传播速度又远大于在液体中的传播速度。声音在水中的传播速度大约是在空气中的 4 倍，在铁中的传播速度大约是在空气中的 15 倍。

声音在气体、液体和固体中的传播速度依次增加。

神奇的是，古人通过长期的经验发现，声音在土和铁等固体中的传播速度比在空气中要快。例如，印第安人把耳朵贴在地上听马蹄声，从而提前知道敌人来袭。非洲原住民也采用同样的方法，靠听大象的脚步声来狩猎。

还有，几十年前，人们把耳朵贴在铁轨上，以确认远处有没有火车驶来。虽然危险，但这样做可以提前听到远处的

火车声。

另外，声音不仅在不同介质中的传播速度不同，即使在同一种介质中，受温度的影响，传播速度也会发生变化。从这一点来看，声音好麻烦啊。当空气的温度高时，也就是气温高时，组成空气的各种气体分子就会剧烈运动。运动越剧烈，气体分子间碰撞越频繁，振动传递越快，所以声音传播得更快。

因此，气温越高，声音的传播速度越快。

当气温为 0℃时，声音的传播速度约为 331 米 / 秒。以这个值为基准，气温每上升 1℃，声音的传播速度每秒增加 0.6 米。把这句话转换成表达式给你看一下吧。

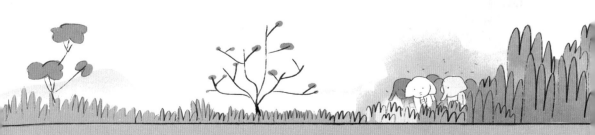

空气中声音的速度（米／秒）=331+0.6× 摄氏温度值

怎么样，简单吧？试想一下，如果现在的气温是 15℃，声音的传播速度会是多少呢？

声音的速度（米／秒）= 331+0.6×15

此处 0.6 乘以 15 等于 9，计算得出气温为 15℃时，声音的传播速度是 340 米／秒。

我刚才说过了吧，声音在空气中的传播速度约为 340 米／秒。因此，声音在空气中的传播速度一般是指 15℃时的

传播速度。并且，平时所说的声速一般指声音在空气这一介质中的传播速度。

但声音的传播速度和看指挥来演奏有什么关系呢？啊，我正准备说这个呢。

音乐由不同的乐器合奏而成，十分敏感，稍不合拍就会影响演奏效果。严重的话还会破坏整场演奏。

演奏的时候，如果只听其他乐器的声音来合拍会怎么样呢？

因为声音到达人耳的时间有一定的差异，所以声音会略有错位。因此靠听其他乐器的声音来演奏无法精准合拍。光速约是声速的 100 万倍，所以视觉远比听觉要快。也就是说，观看指挥来合拍比参照其他乐器来合拍更准确。因此，要想在正确的节拍上发音，看指挥者的指挥非常重要。

劲手先生演奏定音鼓也要好好看敏锐先生的指挥。咚咚咚咚，就像这样！

哎呀，怎么也追不上啊。

我每秒大约可行进 3 亿米，一秒大约可以绕行地球 7.5 圈。

光

声音

演奏正在进行！

队员们按照敏锐先生的指挥演奏，

动作像跳舞一样整齐划一。

哇，大家仿佛融为了一体。

美妙的声音传遍演奏厅的每个角落。

坐在前排的观众，以及坐在远处的观众，

都沉浸在动人的旋律中，如痴如醉。

声音的反射与吸收

酷吧？乐器的声音四处飘荡，大厅里到处都能听到优美的旋律，我现在好幸福呀。这一切都要归功于演奏厅设计得好，声音的传播效果才会这么好。

当然，室内安装的扬声器也扩大了声音。其实演奏厅里还有其他秘密，声音在这里传播得这么好，是因为修建演奏厅时利用了声音的性质，特别是声音反射的性质，所以演奏厅的每个角落都能听到声音。反射是指沿一定方向前进的声音或光线在遇到另一物体时，会在交界面改变传播方向的现象。

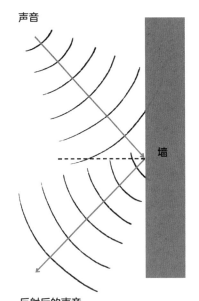

声音

墙

反射后的声音

声音在坚硬且光滑的物体表面很容易被反射。

声音向四面八方传播，碰到像墙一样的坚硬物体时，就会发生反射。

在空房间里大喊一声"啊！"试试看。有回声吧？那是因为声音遇到墙被反射回来了。

当声音遇到平整且坚硬的物体表面时，比如混凝土墙或金属板，声音通常会被反射回来。

所以，当你在空房间里大声喊叫时，墙、天花板以及地板都会反射声音，反射回来的声音会再次传向你，被你听到。

也就是说，你听到的声音包含了两种声音。一个是直接听到的声音（直达声），另一个是被反射的声音（反射声）。直达声是从声源以最短距离传播过来的声音。当我在舞台上发出声音时，你会同时听到直接进入你耳朵的声音，还有被墙壁或天花板反射回来的声音。

人通常听到的声音都是由直达声和反射声混合而成的。

反射回来的声音叫回声。当你在山顶上喊"呀呼！"时，不一会儿就会听到"呀呼！"传了回来，这就是人们所说的回声。

当反射声比直达声稍晚一点到达人耳时，人就能听到回声。如果你距离发声体，即声源太近，就听不到回声。声音每秒大约传播 340 米，传播 1 米需要约 1/340 秒，这是非常短的时间。所以你距离声源近的话，会同时听到直达声和反射声，因此无法辨别回声。在礼堂和音乐厅这样的大空间里，声音被反射回来需要一定的时间，所以可以听到回声。

产生回声的原因
空房间即使不大仍可听到回声，是因为房间四周被坚硬的墙体、天花板以及地面围绕，声音被多次反射，可以听到反射声。

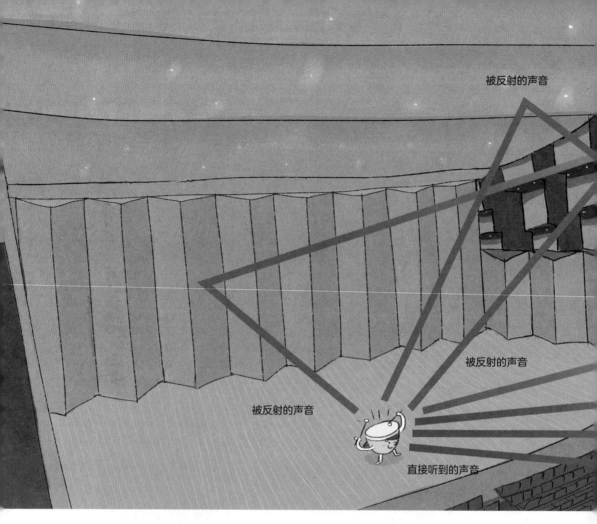

被反射的声音

被反射的声音

被反射的声音

直接听到的声音

　　现在要仔细观察一下音乐厅吗？先来看看舞台吧。舞台的
天花板像倒着的雨伞一样向下凸起，舞台的两侧与后面都围着
C 形的墙壁，这些都是为了确保声音可以从舞台传到观众席上
而设计的。设计者通常会在舞台上设置一个声音反射性能良好
的反射板，或是在舞台周围搭建 C 形的墙壁，这样就可以把

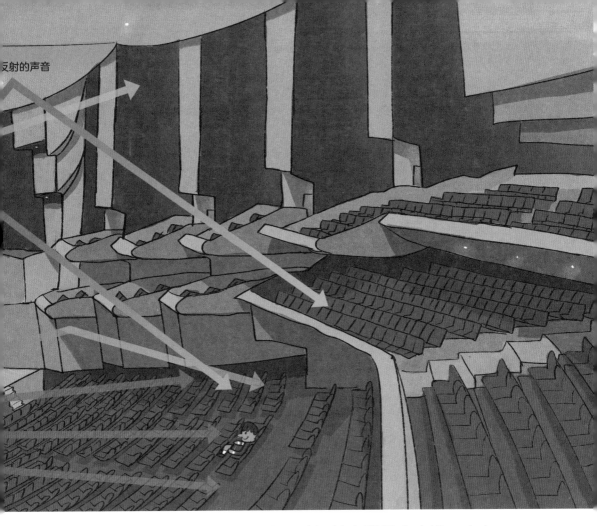

反射的声音

声音从舞台上传递到观众席上啦。这与扩音器把声音沿一个方向传播类似。

　　接下来到墙壁和天花板发挥作用的时候了，墙壁和天花板反射声音，将其传播到观众席。此时，重要的是把声音均匀地传播到观众席的各个角落，不然，有的座位上观众听到的音乐效果好，有的座位上观众听到的音乐效果则比较差。为了保证不同座位上的观众听到的音乐效果一样，墙壁被建得凹凸不平，天花板也向下凸起。这样，声音才能向各个方向反射，并均匀传播，就像我所在的演奏厅一样。

从舞台上发出的声音在撞到墙壁和天花板后，会均匀传播到观众席的每个角落。所以在音乐厅里，无论坐在哪里，都能够听到音乐效果几乎一样的声音。

另外，声音在被物体反射的同时还会被物体吸收，声音被吸收时，音量就会变小。当声音遇到沙发或窗帘等柔软且有许多小孔的物体时，只有一小部分会被反射回来，大部分会被吸收。

如果音乐会上的声音不断被反射会怎么样呢？那就如同置身于喧闹的礼堂，无法听清声音。所以，在设计音乐厅的时候，声音的吸收和声音的反射，都需要被重视。也就是说，音乐厅的设计必须按照想要的方向和最佳的听觉效果来反射声音，并把其余的声音吸收掉。

在演奏厅铺设地毯，或用消音材料制作椅子、门，都是为了吸收杂音。消音材料是指像地毯和海绵一样，具有较好吸音性能的材料。地毯有很多微小缝隙，当声音到达地毯时，只有一部分会被反射，大部分会被吸收，这样就可以消除噪声和杂音啦。

当声音撞击在地毯上的缝隙上时，声音无法逃脱，并在缝隙中多次反射，随后振动越来越小，声音也变小了。

声音的折射

当声音遇到物体时，不仅会被反射或吸收，也会发生折射。刚才说过声音在不同介质中的传播速度不同，还记得吧？所以，当介质发生变化的时候，由于传播速度的差异，声音的传播方向会在交界处弯折，这一现象就是声音的折射。

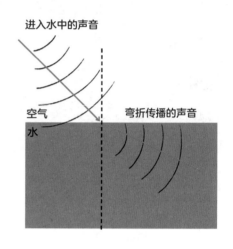

进入水中的声音

空气
水

弯折传播的声音

当声音从空气传播到水中时，部分声音会在水的表面被反射，其余的声音则会发生折射并在水中传播。因为声音在水中的传播速度比在空气中的要快，所以在水的表面发生折射时，声音会折向传播速度较慢的空气。

另外，气温越高，声音的传播速度就越快。因此，声音在冷暖空气的交界处也会发生折射。这时，声音会折向传播速度较慢的冷空气。

在不同的介质中传播或在气温发生变化时，声音会折向传播速度较慢的一方。

那么，让我们来看看声音为什么会折向传播速度较慢的一方吧！

确认声音的折射方向

准备物品：

　　长 1 米左右的棍子，1 名与你步距相近的朋友。

实验步骤：

　　1. 与朋友分别握住棍子的一端，目视前方，并排站立。

　　2. 两人同时数 1、2、3……，每数一个数向前走一步，同时观察棍子的移动轨迹。

　　3. 然后，你每数一个数走一步，朋友则只在奇数时走一步。同时观察棍子的移动轨迹。

实验结果：

　　两人按数同步行走时，棍子的移动轨迹如图（甲）所示，笔直前进。两人以不同的速度行走时，棍子的移动轨迹与图（乙）一致，方向逐渐弯折。这时，棍子的移动方向会折向速度较慢的一方。

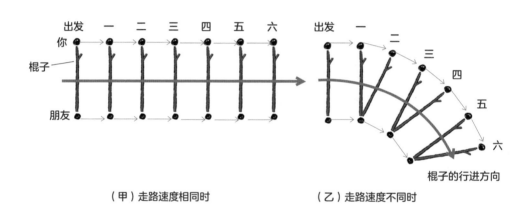

（甲）走路速度相同时　　　　　（乙）走路速度不同时

为什么会这样？

　　图（甲）展示的是声音传播速度相同时，声音沿直线传播的情况；图（乙）展示的是声音传播速度不同时，声音向速度较慢的一方折射的现象。像这样，声音在不同介质中传播时，会在交界处发生折射，折向速度较慢的一方。

汽车在晚上的声音听起来比白天大，也是因为声音的折射现象。由于气温差异，声音会发生折射。当然，晚上一般更安静，声音会听得更清楚。

白天有阳光照射，近地面的空气比上方的空气热。声音的传播速度随气温升高而增加，所以声音在近地面的传播速度更快。因此，声音在传播过程中逐渐向天空折射。相反，晚上地面急剧冷却，近地面的空气比上方的空气冷。所以声音在近地面的传播速度更慢，声音向地面折射。

白天声音折向天空，晚上声音折向地面。

地面温度高，声音的传播速度快。所以，声音向天空折射。

地面温度低，声音的传播速度慢。所以，声音向地面折射。

看那个小朋友！

为了看到舞台，他一直在身材魁悟的大人后面四处张望。

他还算幸运呀，即使看不到舞台也能够听到声音。

声音的衍射

　　看不见舞台却仍能听到声音，这正是因为声音的衍射，当声音遇到较小的障碍物时，会绕行到物体后方继续传播。

　　例如，听到墙那边的犬吠声，从门缝里听到客厅里的电视声，这些都得益于声音的衍射。

　　当声音遇到像墙一样的物体或经过狭窄的缝隙时，振动以扇形方式散开并绕至物体后方继续传播，这一现象叫作衍射。

狗的叫声从墙的边缘以扇形的扩散形式传播到墙的另一边。

狗的叫声在狭窄的缝隙中以扇形的扩散形式传播到墙的后面。

设想一下，朋友们在公共汽车站前排成一列。你面前站着一个身材魁梧的成人。即使他挡在你面前，你看不到前方的朋友，也能听到朋友的声音，这就是声音的衍射现象。如果声音只沿直线传播，就会被大人挡住，无法传播到你的耳朵。但实际上声音会绕到大人的后边继续传播，所以你可以听见前面朋友的声音。

在音乐厅里，小朋友坐在身材魁梧的大人身后，也能听到声音，因为声音不仅会被墙壁或天花板反射传播，还会衍射至大人身后。你现在了解衍射是什么了吧？

现在大家已经了解了声音是怎样传播的。声音由物体振动产生，并通过空气或水等介质来传播。当声音遇到其他介质时，会折射通过。并且，当遇到障碍物时，声音的一部分会被反射回来，另一部分被吸收而消失，还有一部分绕到障碍物后面继续传播。

声音的传播看似随意，却按照一定的规律进行，最终才到达你的耳朵里。音乐厅就是很好地利用了声音可以反射和被吸收的性质，才能为听众提供最佳的音乐效果。

聆听声音

人们每天都在聆听各种声音。

即使在万籁俱寂的夜晚，

也会听到自己的呼吸声和时钟的嘀嗒声。

人是怎样听到声音的呢？

又是怎样辨别这么多声音的呢？

现在第二乐章开始了！

"咚咚咚咚，咚咚咚咚，咚咚咚咚！"

敏锐先生发送信号，劲手先生快速敲击定音鼓。

听到我的声音了吧，神奇吗？

接着，弦乐器和管乐器开始演奏。

咚咚咚咚！

空气传导

　　你有好好聆听我们的演奏吗？能听清我的鼓声吧？鼓声大时，仿佛我的心脏在怦怦跳动。

　　但是，我产生的振动怎么能够让你听出是鼓声呢？接下来，让我们来看看空气的振动传到你耳内后，经历了什么过程才被感知为声音的吧。

　　想想看，能将空气的振动听成声音，这多么令人惊叹呀！当空气每秒大约振动 440 次时，人们就会听出"拉"的音，而且能够轻易分辨出这是钢琴的声音、小提琴的声音还是妈妈的声音。

　　或许你已经猜到了，听到声音的过程非常复杂。但我是谁啊？我可是声音队长小鼓啊，那些复杂的过程我也全都知道。来，听着吧！咚咚。

　　当空气的振动进入人耳时，首先会引起鼓膜振动，然后经过三块听小骨抵达耳蜗，最后转化成电信号，经听神经到达大脑。

　　现在你已经知道了声音传播的全部过程，接下来我将通过人耳构造来为你更细致地讲解。空气的振动变成声音大致分为三个阶段。

　　第一阶段发生在肉眼可见的外耳部分，外耳包括耳廓和外耳道。耳廓起到辨识声音位置和收集声波的作用，耳廓在收集空气振动的时候，把手呈筒状罩在耳朵上，听到的声音会更

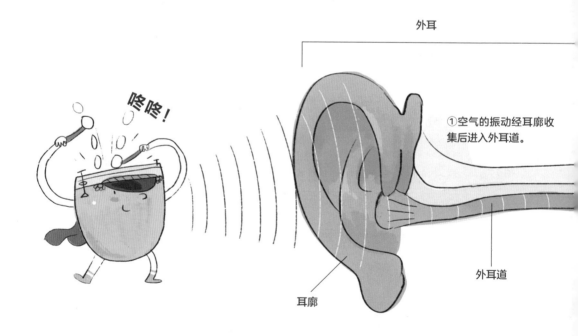

外耳

咚咚！

①空气的振动经耳廓收集后进入外耳道。

外耳道

耳廓

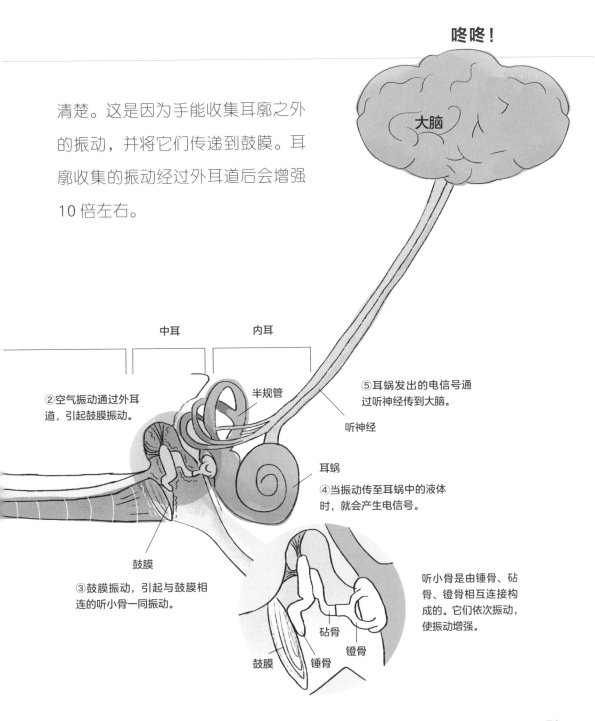

咚咚！

大脑

清楚。这是因为手能收集耳廓之外的振动，并将它们传递到鼓膜。耳廓收集的振动经过外耳道后会增强 10 倍左右。

中耳

内耳

半规管

②空气振动通过外耳道，引起鼓膜振动。

⑤耳蜗发出的电信号通过听神经传到大脑。

听神经

耳蜗

④当振动传至耳蜗中的液体时，就会产生电信号。

鼓膜

③鼓膜振动，引起与鼓膜相连的听小骨一同振动。

听小骨是由锤骨、砧骨、镫骨相互连接构成的。它们依次振动，使振动增强。

砧骨

镫骨

鼓膜

锤骨

第二阶段经过中耳。振动经过外耳道，引起鼓膜振动。鼓膜是位于耳内的薄膜，可前后摆动，从而振动。鼓膜振动时，振动会传递到与鼓膜相连的听小骨（锤骨、砧骨、镫骨）。在这里，经鼓膜传递的振动可增强20倍。如果振动过大，则会被减弱，包裹着听小骨的肌肉会发生收缩，减弱振动，从而保护耳朵。如果突然传来过大的振动，耳朵会受伤的。

最后，在第三阶段，振动通过内耳传到大脑。振动从听小骨传递到耳蜗，使耳蜗中的液体产生振动。此时的振动比刚到达耳朵时要强800倍左右。这种振动会转化成电信号，然后通过听神经传递到大脑。

在此之前，你一定认为用耳朵听声音是理所当然的。但是，振动抵达人耳后，要经过如此复杂精细的过程才能到达大脑，被辨识为声音。了解了这一点之后，你是不是很惊讶呢？

而且，有的振动听起来是"妈妈"，有的振动听起来是"我爱你"。回过头再想想，人的耳朵是不是很神奇呀？

耳朵如此神奇，人居然拥有两只耳朵，小鼓真的好羡慕啊！当然，正常情况下，世上并不存在只长着一只耳朵的动物。那么，长两只耳朵有什么好处呢？

首先，相比一只耳朵，两只耳朵能收集更多的振动，所以听到的声音更响亮。据说，两只耳朵听到的声音比一只耳朵听到的要大 3 倍左右。

其次，用两只耳朵听声音，可以准确判断声音发出的方位。如果声音从左侧发出，那么左耳听到的声音就会比右耳听到的大，而且声音会率先到达左耳，由此你便能知道声音是从左侧传来的。人们可以通过对比两只耳朵听到声音的大小和先后顺序，来判断声音是来自左侧还是右侧。有两只耳朵才能这样呀。

然而，在水中很难准确判断声音的方位。因为声音在水中的传播速度比在空气中要快，到达两耳的时间相差无几。

怎么样？越了解声音的感知过程，是不是就越觉得神奇呢？

咚咚！

声音在水中的传播速度大约是在空气中的 4 倍，所以声音到达两只耳朵的时间差变短了，因此在水里很难辨别声音的方向。

骨传导

　　想要听到声音还有一种方法，振动不经过人耳，人也能够听到声音。振动经头骨传递时，人也可以听到声音。振动通过头骨而非鼓膜直接传递到内耳，并被辨识为声音的过程，叫作骨传导。

　　什么，你根本不敢相信？嗯，那你又得试试了！

　　首先，堵住你的双耳。然后，让你的朋友轻弹一下你的脑门看看！

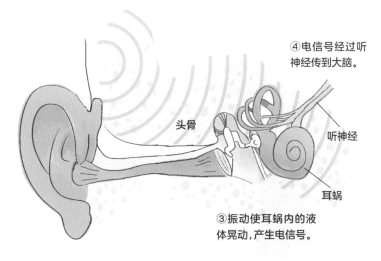

①轻轻拍打头部就会产生振动。

②振动经过头骨传到耳蜗。

④电信号经过听神经传到大脑。

头骨

听神经

耳蜗

③振动使耳蜗内的液体晃动，产生电信号。

经过骨传导能够较好地听到声音的部位。

你会听到非常低沉的声音，这是因为振动是通过头骨直接传到内耳的。

所以，声音可通过头骨传播。

声音在固体中的传播速度比在空气中更快，因此，相比经空气传到耳朵的声音，通过头骨传播的声音能够更迅速地到达大脑。当鼓膜出现问题时，可以用这种方法听到声音，比如用骨传导耳机和助听器。

令人惊讶的是，你正在用头骨听自己的声音。你听过自己在录音机里的声音吗？听起来可能有点奇怪，因为这不是你平

经由耳朵传递到鼓膜的声音。

通过头骨传播的声音。

通过头骨传播的声音，比通过空气传到鼓膜里的声音的音调要略低一些。

时听到的噪音。但对别人来说，你的噪音听起来更接近录音机里的声音。

平时你听到的声音几乎都是空气的振动，是通过鼓膜来听到的。但是，当你说话时，声带产生的振动不仅会通过口腔引起空气振动，还会通过头骨传至内耳。

因此，你听到的自己的声音，实质上是由空气传播的声音和头骨传播的声音混合而成的。但其他人只能通过空气的振动听到你的声音。所以，你听到的自己的声音就与其他人听到的声音不一样啦。

这就是你的声音。

想不通啊。这真的是我的声音吗？

演奏接近尾声了。

声音渐渐变大，所有的队员都一同用力演奏。

轰隆隆的声音响了起来，仿佛要引爆演奏厅。

就在这一刻。

"锵锵！"

一声巨大的钹声过后，演奏会场顿时寂静无声。

锵锵！

听不到的声音

你觉得演出像一场巨大的暴风雨呼啸而过？是啊，即使演奏结束了，是不是感觉声音仍然在耳边萦绕？很幸运你能听到我们乐器创造的美妙演奏。

像你知道的一样，世界上有很多种声音，但其中有很多是你无法听到的。这是为什么呢？如果世界上所有的声音都能被你听到，那么你的耳朵恐怕会无法忍受。

世界上有很多声音无法被人听到。

虽然每个人能听到的声音的频率范围各不相同，但人耳能听到的声波的频率通常在 20 赫兹到 20 000 赫兹之间。并且，3 000 赫兹左右的声波最易于感知。管风琴最底部的键盘发出的声音大约是 20 赫兹，最顶部的键盘发出的声音大约是 15 000 赫兹，你能想象它的音最高有多高吗？总而言之，人无法听到过低或过高的声音。

并且，人年纪越大越听不到高音。据说 60 岁左右的人几乎听不到 12 000 赫兹以上的声波，也就是说，听不到管风琴最顶部的键盘发出的声音了。

低于 20 赫兹的声波叫作次声波，次声波低于人类听觉的下限；高于 20 000 赫兹的声波叫作超声波，超声波超过了人类听觉的上限。

但是，有些动物能够听到超声波。像狗、蝙蝠和海豚这些动物，由于它们能够听到的频率范围比人类大，所以可以听到超声波。

训练狗时使用高音口哨，就是因为狗能够听到超声波，这种口哨声的频率在 30 000 到 50 000 赫兹之间。

蝙蝠可以发出超声波，也可以听到超声波。蝙蝠发出短促且高昂的超声波，即使视力不够好，也可通过听被障碍物反射回的超声波来避开障碍物飞行。捕捉猎物时，蝙蝠也会利用超声波。当超声波撞到猎物时，蝙蝠就会靠听被反射回的超声波来确定猎物的方位，甚至还能知道猎物的种类。不只是蝙蝠，海豚也能用超声波来交流和觅食。

超声波具有良好的定向性和反射性，利用这些特性，人们即便不潜入海底，也可以使用声呐这种超声波探测器了解海洋的深度和海底的地貌。从船底发射超声波那刻起，测量超声波反射回来的时间，就能确定海洋的深度和海底的地貌。

可听到的声波频率范围

蝗虫 100 ～ 15 000 Hz

人 20 ～ 20 000 Hz

狗 15 ～ 50 000Hz

蝙蝠 1 000 ～ 120 000Hz

海豚 150 ～ 150 000Hz

可以看到腹中胎儿状况的超声波

  医院也经常用到超声波。超声成像就是利用超声波进入体内后，会被肌肉、肌腱或内脏器官等反射回来的原理进行工作的。多亏了超声波，医生才能方便地看到人体内的情况。利用声音居然能看到物体，是不是很神奇呀？

  另外，一些清洗机和加湿器也是利用超声波的强烈振动来工作的。

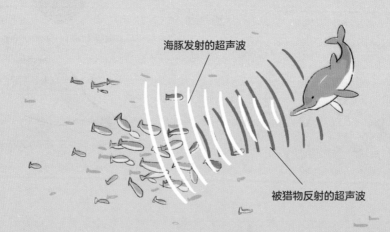
海豚发射的超声波

被猎物反射的超声波

超声波清洗机　　　　　　　　　　　超声波加湿器

在清洗机中，超声波促使水或洗涤剂产生振动，形成微小气泡，这些气泡在超声波的压力下不断膨胀破裂，可将眼镜、器皿、水果等物品的每个角落都清洗干净。你家里使用的超声波加湿器也是同理，超声波引起水的强烈振动，使水分裂成极小的微粒，像雾一样散发出来。

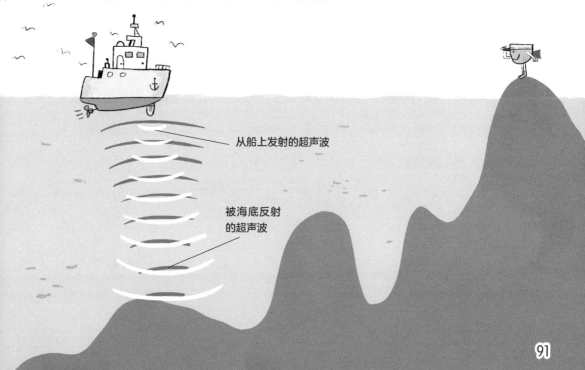

从船上发射的超声波

被海底反射的超声波

次声波具有传播距离远的特性。有些动物利用次声波的这一特性来呼唤远方的伴侣，或进行沟通。其中，大象是最善于利用次声波的动物，雌象会用次声波呼唤远方的雄象，进行交谈。研究表明，即使在 35 千米之外，大象也能通过次声波察觉到对方。大象发出的次声波频率处于 5 ~ 50 赫兹之间。

人们听到老虎的低吼时会感到害怕。你也是吧？这是因为老虎在发出巨大声音时，还发出了次声波。次声波虽然无法被人听见，却会让人感到焦虑或恐惧。长相可怕的老虎让人感到恐惧也与次声波的存在有关。

当火山喷发、地震和海啸等自然灾害发生时，也会产生次声波。如果能够感觉到次声波，就可以提前躲避自然灾害吧？听说，东南亚发生地震和海啸时，很多人没能躲过灾难。但是象群都存活了下来，因为它们察觉到了次声波，所以提前赶往高处躲避灾难。

因此，人们建立次声波监测站来监测次声波，以应对自然灾害，尽量减少损失。

超声波与次声波虽然不能被人听到，但它们在动物的世界里却起着非常重要的作用。而且，在人类的生活中，也存在许多利用超声波的物品。能听到的声音固然重要，但如果能够妥善利用那些听不到的声音的性质，也会给生活带来诸多便利。

终于，演奏结束了。

观众们的掌声雷动，经久不息。

乐手们互相问候。

我也向乐器朋友们发出无声的感谢：

"辛苦了，朋友们。"

演奏者和观众的脸上都洋溢着笑容。

留存声音

你说音乐会非常精彩，令人感动？谢谢！收到观众热烈掌声的瞬间，感觉真好。尽管也会有些许遗憾："本来可以演奏得更好的……"

像今天一样，美妙的演奏可以震撼人心，可惜这些声音转瞬即逝。但是，人们发现了留存声音的方法。现在，就让我来给你讲讲这个故事吧。

很久以前，人们就记录了各种各样的声音。例如：在乐谱上画音符来记录音乐的声音，用拟声词来记录事物的声音。很显然，你也知道，猫会发出"喵"的声音，狗会发出"汪汪"的声音……但是，这种方式并不准确，只是按照规则记录或模仿声音。事实上，发声体、周围环境或听者不同时，声音听起来会稍有差别。到目前为止，人们仍然沿用这种方式，在乐谱上画音符或用文字来描述声音。

有什么方法可以把听到的声音完全记录下来呢？那就是把声音录下来。现在，录音已经是一件很常见的事情了，但在发明录音技术和设备的过程中，人们却付出了长期的努力。

第一个录下声音的人是被称为"发明大王"的托马斯·爱迪生。看起来爱迪生和我这个声音队长一样，对声音也充满好奇，且了解颇深。

　　1877 年，爱迪生发明了第一台锡箔留声机。爱迪生在大家面前转动留声机，并亲自唱了一首歌，不一会儿，爱迪生的歌声就再现了出来。当听到爱迪生的声音又从留声机里传出来时，人们大吃一惊。有人甚至说爱迪生是在表演腹语。腹语者不用张嘴就能说话。

　　自从爱迪生发明留声机以来，人们一直致力于研发更先进的留声机和录音机。多亏如此，今天你才能看到那么多设备，这些设备可以把声音录下来，反复收听。

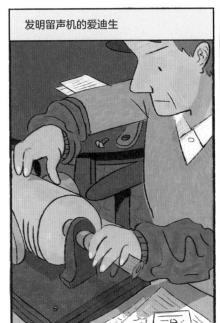
发明留声机的爱迪生

锡箔留声机：由一个包着锡箔的圆筒和两根针组成。

♪ 玛丽有只小羊羔……

转动圆筒时对着话筒讲话，振动就会传到针上。这样，针移动时就会划过锡箔表面，将振动记录下来。

玛丽有只小羊羔……

再次转动圆筒时，随着复现用的针沿着划痕发生振动，被录下的声音就会再现出来。

我们现在可以留存声音了。

这是在用腹语开玩笑吧。

好神奇啊。

发明锡箔留声机

难以置信。

97

从唱片、盒式磁带、激光唱片 (CD)、MP3 到能同时录制声音和影像的数字通用光盘（DVD），真是种类繁多。

　　随着技术的不断发展，人们甚至能听到比实际声音更为生动美妙的声音。但是，这些设备的原理都源于爱迪生发明的留声机，即通过记录声音发出的振动，再现这一记录重新生成振动，并传递到人的耳朵里。

　　随着声音的留存，声音得以跨越时间的限制。因为即使不能直接听到声源发出的声音，人们也可以不受时间和场所的限制尽情地听到声音。这样，人们与声音更为接近了。

尤其是这拉近了人们与我们乐器演奏的音乐之间的距离。现在，在演奏会上很多人会录音。

这样即使人们不在演奏现场，也能欣赏到像在现场一样生动的音乐和氛围。

人们总是受到声音的影响。即使不去看，仅凭声音也能预料周围发生的事情。人们听到犬吠，就会对周围保持警惕；听到火灾报警器的声音，就知道可能着火了。像这样，人们可以靠听到的声音来获取信息。当然，也可以用声音来说话和交流！

并且，声音也会影响人的情绪。有些声音会让人感到不悦或痛苦，有些声音会给人带来快乐与力量。通常，给人带来不悦或痛苦的难听的声音被称为噪声。相反，给人带来快乐和力量的悦耳的声音被称为音乐。

怎么样？是不是越了解声音，就越感觉声音为你呈现了一个精彩的世界？现在你是不是感觉之前听过的声音也不一样了？你可以重新享受一遍曾经没有仔细听过的音乐。

其实，现在也有很多振动在向你传递过来，你周围物体的振动通过空气、水或木头向你传递着。如果听到定音鼓的声音，哪怕只有一瞬间，也请记住声音队长——小鼓！这样我才不会难过，不枉我一直为你尽情讲述声音的故事。你会这么做吧？咚咚咚咚咚咚，咚咚！

结束语

嘘！

我的故事到这里就结束了。

既要演奏，又要向你认真讲述，还真是有点累了。

可若真的拉近了你与声音的距离，我也就心满意足啦。

怎么样？像期待的那样有趣吗？

就像你为"咚次嗒次管弦乐队"致以热烈的掌声一样，

我也要毫无保留地为认真听讲的你献上我的掌声。

现在我又要变回百变科学博士啦。

什么，你已经期待我的下次变身了吗？

那么，再见啦——

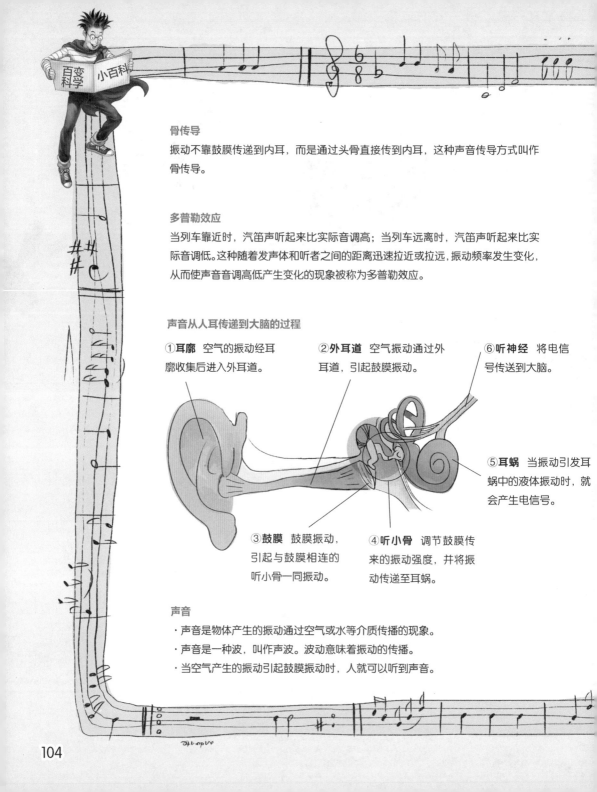

骨传导

振动不靠鼓膜传递到内耳，而是通过头骨直接传到内耳，这种声音传导方式叫作骨传导。

多普勒效应

当列车靠近时，汽笛声听起来比实际音调高；当列车远离时，汽笛声听起来比实际音调低。这种随着发声体和听者之间的距离迅速拉近或拉远，振动频率发生变化，从而使声音音调高低产生变化的现象被称为多普勒效应。

声音从人耳传递到大脑的过程

①**耳廓** 空气的振动经耳廓收集后进入外耳道。

②**外耳道** 空气振动通过外耳道，引起鼓膜振动。

⑥**听神经** 将电信号传送到大脑。

⑤**耳蜗** 当振动引发耳蜗中的液体振动时，就会产生电信号。

③**鼓膜** 鼓膜振动，引起与鼓膜相连的听小骨一同振动。

④**听小骨** 调节鼓膜传来的振动强度，并将振动传递至耳蜗。

声音

· 声音是物体产生的振动通过空气或水等介质传播的现象。
· 声音是一种波，叫作声波。波动意味着振动的传播。
· 当空气产生的振动引起鼓膜振动时，人就可以听到声音。

声音的三要素

声音随音调、响度、音色这三个要素的变化而不同。

音调	响度	音色
取决于物体振动的频率，即物体每秒振动的次数。	取决于物体振动的振幅。	取决于物体振动的方式。
单位：Hz（赫兹）	单位：dB（分贝）	
高音的频率高，低音的频率低。	大声的振幅大，小声的振幅小。	乐音的波形通常简单且规则，噪声的波形杂乱无章。

声音的性质

· 声音向四周扩散。

· 距离声源越远，声音就越小。

· 声音的传播需要介质。介质是传播声音的物质，例如空气、水、铁等物质。

· 声音在气体、液体、固体中的传播速度依次递增。

· 声音在传播过程中遇到其他物体时会被反射和吸收。

· 当传播介质发生改变时，声音会在交界处发生折射。

· 声音可以从障碍物的边缘绕过并继续传播，这种现象叫作衍射。

超声波与次声波

人耳可听到的声波频率范围是 20 ~ 20 000 赫兹。人们把低于 20 赫兹的声波叫次声波，因为它们低于人类听觉的下限；把高于 20 000 赫兹的声波叫超声波，因为它们高于人类听觉的上限。

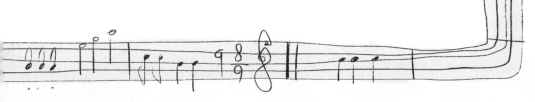

审阅者寄语

聆听声音，感悟自然。

人在用眼睛看的同时，也通过聆听声音来掌握和了解世界。因此，用耳朵聆听与用眼睛观察同样重要。因为世界上所有的物体都能发出声音，所以如果充分了解了声音，也就能较好地理解自然。

声音是由物体振动产生的。当空气、木头、金属、纸张等物体发生振动时，就会产生声音。每个物体振动的频率、振动的幅度以及振动的方式都不相同，所以其声音的音调、响度、音色都不相同，发出的声音也各不相同。

此外，声音的传播过程也很重要。人们要想听到声音，必须让声音从声源传送到人耳中。声音通常通过空气传播，但并非只有空气才能传播声音。世界上所有的物质都能传播声音。声音沿直线传播，当遇到其他物体时会被反射或吸收，当遇到不同介质时会发生折射。

人们用耳朵感知声音。耳朵可以把微弱的振动放大，并将放大的振动转换成电信号传送到大脑。人耳无法听到物体振动得过慢或过快时发出的声音，只能听到一定频率范围内的振动产生的声音。但是海豚、蝙蝠、大象等动物可以发出并听到人耳听不到的声音。像这样，每种动物可听到的声音范围都不相同。因此，如果了解声音的世界，就可以加深对自然的了解。

本书有关声音的内容翔实易懂。如果深入探讨声音，内容很容易晦涩难懂；如果想简单地讲述故事，内容往往会变得粗浅。为保证内容既简明又充实，这本书经过了精心打磨。希望这本书能够帮助你更好地了解声音，并以此为基础，正确地了解自然。

郭泳稙

讲给孩子的基础科学

电是怎样产生的？风是如何形成的？
我们的周围充满了各种神奇的秘密。
张开好奇心的翅膀，天马行空地去想象，
这是一件多么令人激动、令人神往的事情！
科学就起源于这令人愉悦的好奇心和想象力。

从现在起，百变科学博士将
变身为电子、风、遗传基因等各种各样的奇妙事物，
带您去探索身边的科学奥秘，
开启一趟充满趣味、惊险刺激的科学之旅！
来吧，让我们向着科学出发！